巍巍学府 国之上庠

《北大手账》编写组／编

北大手账

北京大学出版社
PEKING UNIVERSITY PRESS

王直华摄

北大是常为新的改进的运动的先锋，
要使中国向着好的往上的道路走。

———鲁迅

1896 年 6 月 12 日，清朝刑部侍郎李端棻（fēn）上奏《请推广学校折》，第一次提出设立京师大学。光绪皇帝当日即向总理衙门发出上谕议奏。

北京大学

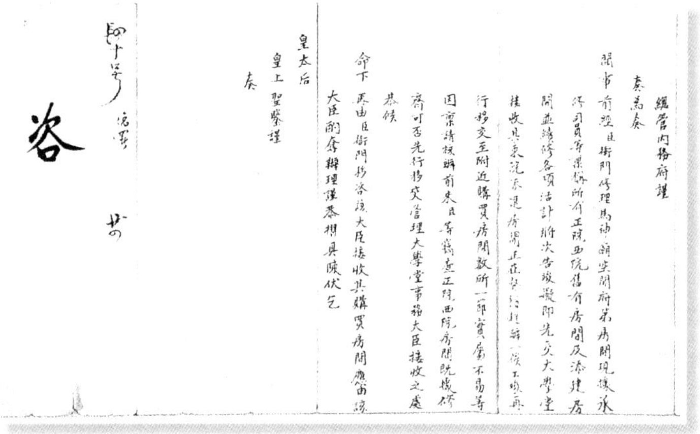
總管內務府謹
奏為奏
聞事前經臣衙門修理馬神廟空閒府第房間現據承
修司員等禀稱所有正院西院舊有房間及添建房
間並續修各項活計將次告竣擬即先交大學堂
接收其東院添建房間正在趕緊拆修一俟工竣再
行移交至附近購買房間數所一節需不易等
因禀請核辦前來臣等竊查正院西院房間既據修
齊可否先行移交管理大學堂事務大臣接收之處
恭候
命下再由臣衙門移咨該大臣接收其購買房間應由該
大臣酌奪辦理謹恭摺具陳伏乞
皇太后
皇上聖鑒謹
奏
咨

1898年（光绪二十四年），清朝内务府向光绪和慈禧奏马神庙房间修缮告竣，拟交京师大学堂接收的咨呈。

北大手账

北京大学

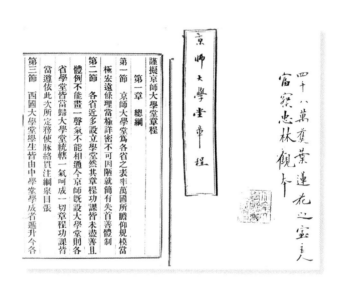

《奏拟京师大学堂章程》是京师大学堂的第一个章程，也是中国近代高等教育最早的学制纲要。章程由梁启超代为起草，规定："各省学堂皆当归大学堂统辖。"强调"中西并重"，"培养非常之才"。

6

北大手账

北京大学

孙家鼐　　　　　　　　　　　许景澄

孙家鼐（1827—1909），咸丰九年状元，历任工部、吏部尚书等，曾为光绪皇帝老师。1898—1899年任管理大学堂事务大臣。

许景澄（1845—1900），曾任礼部、吏部侍郎，以及驻俄、德、奥、法、荷等国公使。1898年7月任京师大学堂总教习。1899年7月—1900年7月任暂行管理大学堂事务大臣。

北大手账

北京大学

　　丁韪良，美国基督教长老会传教士，1850 年来华。1865—1894 年任京师同文馆教习、总教习。1898 年被聘为京师大学堂西学总教习。

北大手账

北京大学

京师大学堂定于光绪二十四年十一月十九日，即 1898 年 12 月 31 日开学。图为京师大学堂匾额。

　　大学堂以马神庙（今景山东街）原乾隆女儿和嘉公主旧府第为临时校舍。图为校址院内。

北京大学

　　1900年8月，八国联军侵入北京，大学堂被俄、德侵略军盘踞，校舍、图书、仪器等遭严重毁坏，被迫停办近两年。图为当时大学堂校门情景。

北京大学

张百熙   吴汝纶

1902年1月10日，清政府下令恢复京师大学堂，任命张百熙为管学大臣。张百熙（1847—1907），曾任吏部、工部尚书等，于1902—1904年管理大学堂事务。

吴汝纶（1840—1903），桐城派古文家。精通理学、诗赋、考据等。1902年被聘为京师大学堂总教习。

北京大学

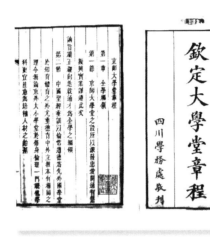

欽定大學堂章程

光緒二十八年十月

四川學務處敬刊

京師大學堂章程

第一章　全學綱領

第一節　京師大學堂之設所以激發忠愛開通智慧振興實業謹遵此次

明白諭旨以端正趨向造就通才為全學之綱領

第二節　中國聖理垂訓以倫常道德為先務明倫

以知有體有之外尤重德育中外立教本有相同之

理今無論京外大小學堂皆應修身倫理一門視他

科更宜注意為培植人材之勵基

1902 年，张百熙主持制定了《大学堂章程》，规定大学堂分为大学预备科、专门分科和大学院三级。专门分科即大学本科，大学院相当于研究生院。

北京大学

　　张百熙不拘成例，聘请"淹贯古今、详悉中外"的吴汝纶担任大学堂总教习，辜鸿铭任副总教习，孙诒让、屠寄及日本文学博士服部宇之吉和法学博士岩谷孙藏等任教习。聘请翻译家严复任大学堂译书局总办，林纾任译书局笔述。图为1903年中外教职员合影。

北大手账

　　1903 年 5 月，京师大学堂将同文馆改为译学馆。分设英、俄、法、德、日五国语言文字专科，五年毕业。图为译学馆旧址。

北大手账

1910年3月31日，分科大学举行开学典礼。共设经科、政法科、文科、格致科、农科、工科和商科等7个分科大学。科下设门（相当于系），共设13个学门。标志着京师大学堂已初步成为现代意义的综合性大学。图为农科大学校门。

北大手账

　　1902年设立的藏书楼，系中国最早的大学图书馆。1905年改成图书馆。
图为京师大学堂藏书楼印。

北京大学

奏為選派學生前赴東西洋各國游學恭摺具陳　　臣張百熙等虔跪

仰祈

聖鑒事竊臣伏讀光緒二十七年八月初六日

上諭造就人材為當今急務前據江南湖北四川等

省選派學生出洋游學用意甚善著各省一律辦

理務擇心術端正文理明通之士前往學習學成

領有憑照回華即由該督撫學政分門考驗咨送

外務部覆加考驗奏請獎勵分別賞給進士舉人

各項出身以備任用而資鼓舞等因欽此仰見

朝廷育才興學因時制宜之至意莫名欽服上

年臣百熙於

1903年12月，京师大学堂从速成科学生中选出第一批留学生共47人，派往日本和西洋各国留学。图为《管学大臣张百熙等奏派学生赴东西洋各国游学折》。

北京大学

京師大學堂學生疏拒俄約

1903年4月30日，师范馆、仕学馆学生举行大会，声讨沙俄侵占我国东三省的罪行，要求清政府拒约抗俄。这是北大第一次爱国学生运动。图为送呈管学大臣的拒俄书，73名学生签名。

北大手账

京师大学堂足球队

北京大学

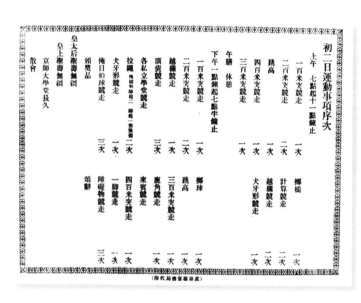

1905 年至 1907 年，京师大学堂连续举行了三届运动会。图为第二次运动会事项序次。

北京大学

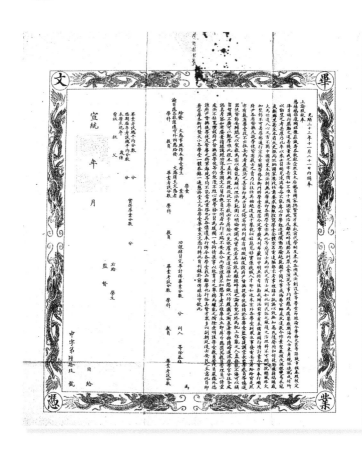

宣统年间京师大学堂毕业文凭，这是北大最早的毕业证书。

　　严复（1854—1921），1902年受聘为京师大学堂译书局总办。1912年2月出任京师大学堂总监督，5月改任北京大学首任校长兼文科学长。

北京大学

呈文

教育部呈分設廳司請委任參事等職文

為呈請事四月二十一日 大總統令開現在國務院業經成立在京原有各部事務應即分別交替由各部總長接收辦理等因奉此本部已於四月二十四日接收學部事務現在分設廳司規畫一切所有參事秘書長司長各職承應慎重遴選分別膺任查有鍾觀光等七員或久供部職或於行政或應辦學務確有經驗與堪膺請委任茲將各員姓名開具清單呈請 大總統核鑒並請頒發委任命令以重職守實為公便此呈

中華民國元年五月初一日

教育部總長蔡薦任大學校長等文

為薦任大學校長事北京大學堂前奉 大總統令京師大學堂監督事務由股復暫行管理等因業經該監督詳報接任在案續部務前接收大學法令尚未訂頒布北京大學既經開辦不得不就商目前之改革定為暫行辦法查從前北京大學職旨有總監督分科監督教務提調各種名目稱似欠適當專權亦覺稍歧北京大學校大學堂總監督改稱為大學校長即行裁撤大學校長總理校務由教育部於分科大學學長中酌一人任之茲幾名實相符事權劃一學校經費亦得藉以撙節現已由本部照會該總監督併入文科外暫教務分科大學教務提調即仍稱為分科大學學長分掌 大總統任命該學校長官須由本部照會該學長暑理北京大學校校長其餘學科除經科併入文科外仍其舊俟大學法令頒布後再令全國大學一體遵照辦理以求完善而臻統一謹呈

1912年5月3日，民国政府批准教育部呈请：京师大学堂改称北京大学校，大学堂总监督改称大学校校长，总理校务。分科大学监督改称分科大学学长，分掌教务。图为教育总长蔡元培推荐严复任北京大学校长的呈文。

北京大学

1912年7月，当局以水平不高、经费困难为由欲停办北大，引起师生强烈不满。严复写下《论北京大学校不可停办说帖》，强调大学不仅是为了造就专门人才，而且兼有"保存一切高尚之学术，以崇国家之文化"的宗旨。图为民国初年北大最大教室的外景。

北大手账

北京大学

马　良　　　　　　　　　　何燏时

　　1912年10月，政府任命章士钊为北大校长，章未到任，由马良（马相伯，1840—1939）代理。他在就职演说中提出："所谓大学者，非校舍之大之谓，非学生年龄之大之谓，亦非教员薪水之大之谓，系道德高尚，学问渊深之谓也。"

　　何燏时（1878—1961），1896年留学日本，1905年毕业于东京帝国大学，获工学学士学位，1906年春回国，历任学部主事兼京师大学堂教习、工科监督、北京大学工科学长。1912年12月至1913年11月任北大校长。

　　胡仁源（1883—1942），京师大学堂学生，后赴日本及英国留学。1913年任北大预科学长，并代理北大校长；1914年1月至1916年12月任校长。

北大手账

1914年1月，胡仁源拟订了《北京大学计划书》，提出"开文、理、法、工四科"。要求理工科学生加强实习，毕业生须完成毕业论文，教员分赴欧美各国学习研究，努力培养专门学者。

1913年北大文科毕业生与教职员合影

北大手账

　　1913年12月4日，北大隆重举行第一次本科生毕业典礼。大总统特派代表、教育部总长、北大校长等出席。

北大手账

黄　侃　　　　　　　　　　　朱希祖

　　黄侃（1886—1935），1914年起任北大教授。擅长音韵训诂，兼通文史。著有《文心雕龙札记》《声韵通例》等。

　　朱希祖（1879—1944），1905年留学日本。回国后，任北大教授、史学系主任。

北大手账

北京大学

陈汉章

辜鸿铭

　　陈汉章（1863—1938），1910年入大学堂史学门，后任北大国文、史学教授。著有《中国通史》《尔雅学讲义》等。

　　辜鸿铭（1857—1928），早年留学英、德，获英国文学博士学位。后任京师大学堂副总教习、北京大学教授。他精通英、德、法和希腊等国语言，曾将《论语》《中庸》等译成西文。

俞同奎

冯祖荀

何育杰

　　俞同奎（1876—1962），京师大学堂学生。被派赴欧洲留学，回国后历任北京大学教授、化学系主任等。中国近代化学教育的开创者之一。

　　冯祖荀（1880—1940），京师大学堂学生。留学回国后曾任北京大学教授、数学系主任。中国近代高等数学教育的奠基人之一。

　　何育杰（1882—1939），京师大学堂学生。留学回国后曾任京师大学堂教习、北京大学教授、北京大学物理学系首任系主任。

北大手账

不過瑞

天有過乎曰有之日月薄蝕是也地有過乎曰有之
山川崩竭是也夫以博厚高明之體廣載萬物而不
能無失虧之偶則凡居於其間戴覆載育之下僅為萬物之一
靈者雖有怨尤圓其宜也又曰人不能無過何

論其應聖賢而實不有過者有焉惟聖人之夏
而不自知其過不知此即聖人之過也不自知而

聖賢如此之虛偽矯飾必不苟於君子也
之欲扶正大遠非之風以挽憂故於吾公之
而摧賴子之不貳過或深或淺或將立言修學之要旨
盖烏已知而減憂又非克已不為功盖誠一辦修學
盖烏已知者乃修學之將微然克已之功行
之班甚難而觀之則甚屬故或以為不貳過不足以

京师大学堂译学馆学生蔡宝瑞的课卷

62

北京大学医学部的前身是国立北京医学专门学校，创建于1912年10月26日，是中国政府教育部依靠中国自己的力量开办的第一所专门传授西方医学的国立学校，首任校长汤尔和。图为1930年的国立北平大学医学院正门。

北大手账

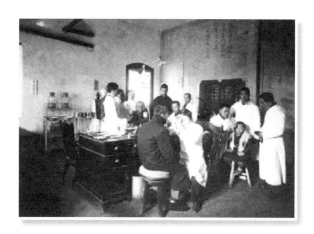

　　1914 年 12 月，中华民国教育部批准北京医学专门学校附设诊察所。1915 年 2 月 15 日，诊察所正式开诊。图为 1917 年北京医学专门学校门诊实习。

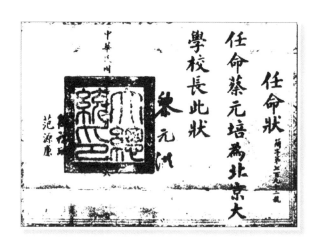

　　蔡元培，1916—1927年任北京大学校长。图为1916年12月26日黎元洪总统签发的任命状。

北京大学

1917 年 8 月蔡元培请鲁迅为北大设计的校徽

　　北大第一院（文科校区）红楼（上图），1918年落成，位于汉花园，今沙滩。

　　北大第二院（理科校区）（中图），位于景山东街，旧称马神庙，原京师大学堂校址。

　　北大第三院（法科校区）大门（下图），位于北河沿，译学馆旧址。

北京大学

1918年1月到1922年12月，李大钊担任北京大学图书馆主任。红楼建成后，他在此办公。图为图书馆主任室。（李北巍摄）

　　图书馆登录室的工作是对新到书刊进行登记、统计，并填写书号、盖图书馆藏书章、贴书袋，将新书卡片装入书袋。图为北大红楼登录室。（李北巍摄）

北京大学

　　第十四书库是北大图书馆的藏书库之一。李大钊任北大图书馆主任期间，图书馆藏书的数量和质量都有很大提高。图为位于北大红楼一层的第十四书库。（李北巍摄）

北京大学

红楼会议室（李北巍摄）

北京大学

陈独秀

李大钊

胡适

鲁迅

陈独秀（1879—1942），1917年1月13日，教育总长范源廉颁令任命陈独秀为北大文科学长。

李大钊（1889—1927），1918年1月，被聘为北京大学图书部主任。

胡适（1891—1962），1917年7月，被聘为北大文科教授。历任北大英文系主任、文学院院长、校长等。

鲁迅（1881—1936），1920年8月，北大正式聘请鲁迅为兼职讲师。

北京大学

钱玄同　　　　　　　　刘半农

马寅初　　　　　　　　夏元瑮

　　钱玄同（1887—1939），1913年到北大讲授文字学。1917年9月，被正式聘为文科教授。

　　刘半农（1891—1934），1917年被聘为北大文预科教授，开设国文、文法等课程，创设北大语音、乐律实验室。

　　马寅初（1882—1982），中国研究西方经济学的先驱。曾任北京大学教授、教务长、校长等。

　　夏元瑮（1884—1944），历任北大教授、理科学长。1922年最早将相对论介绍到中国。

北京大学

王建祖

李四光

王星拱

颜任光

王建祖（1878—？），1916年至1919年任北大法科学长。

李四光（1889—1971），中国地质力学的创始人。历任北大地质学系教授、系主任。

王星拱（1887—1950），曾任北大化学系教授、系主任。

颜任光（1888—1968），曾任北大物理学系教授、系主任。

北大手账

北京大学

1920年3月14日，蒋梦麟、蔡元培、胡适、李大钊（从左至右）在北京西山卧佛寺合影。

北京大学

　　1920年2月，北大接收查晓园、奚浈、王兰（自左至右）三位女生进入文科旁听。暑假后，正式录取九名本科女生，开中国大学男女同校之先河。

北大手账

　　1922年1月北大成立研究所国学门。沈兼士任主任。国学门出版《国学季刊》《国学门月刊》等学术刊物。图为1924年9月研究所国学门同仁在三院译学馆原址合影。前排左起：董作宾、陈垣、朱希祖、蒋梦麟、黄文弼；二排左起：孙伏园、顾颉刚、马衡、沈兼士、胡鸣盛；三排左起：常惠、胡适、徐炳昶、李玄伯、王光玮、夏鼐。

北京大学

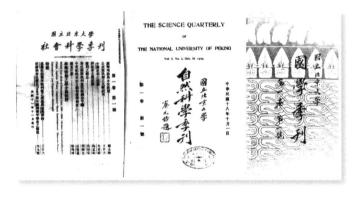

　　1919 年 1 月创刊的《北京大学月刊》是中国最早的大学学报，1922 年 3 月停刊，代以出版《社会科学季刊》《自然科学季刊》和《国学季刊》。

北京大学

1920年，北京大学选派5名学生到美国留学。图为北京大学为选派学生段锡朋、周炳琳、汪敬熙、罗家伦、康白情申请出国护照的公函。

北大手账

1920年8月，北大授予法国班乐卫和儒班两人名誉博士学位，这是北大第一次授予外国学者名誉学位。图为1920年法国著名数学家班乐卫（前排左一）在北大讲学。

北京大学

　　1919—1921年，美国哲学家杜威在北大讲学。1920年11月17日北大授予杜威哲学名誉博士学位，同时授予美国芮恩施法学名誉博士学位。

　　1920—1921年，英国哲学家、数学家罗素在北大讲授"物之分析"，并系统介绍相对论及其哲学意义。

北大手账

北京大学

愛斯坦學說公開演講

茲為愛斯坦（Einstein）博士演講之先導，特選譯關係於相對論各題，分別定期公開講演，茲因講室坐位有限，特備印發券分，本校同人願聽講者，請至第一院註冊部領券可也。演講題目時間及地點如下：

題目	演講人名	日期	時間	地點
（一）愛斯坦以前之力學	丁巽甫	十一月二十四日	下午八時	北京大學第二院大講堂
（二）相對各論	何吟苢	十一月二十五日	下午八時	同
（三）何謂觀念之時間及空間	尚秩欽	十一月二十九日	下午八時	同
（四）愛斯坦之生平及其身世	夏浮筠	十二月二日	下午八時	同
（五）非歐幾里特的幾何	王士楨	十二月六日	下午八時	同
（六）相對通論	文錄村	十二月九日	下午八時	同
（七）相對論與哲學	張崧生	十二月十三日	下午八時	同

1921 年 3 月，蔡元培与理科学长夏元瑮访问德国时拜访了爱因斯坦。1922 年，爱因斯坦接受蔡元培来华讲学的邀请，后因故未能成行。北大为爱因斯坦的讲学作了积极的准备，于 1922 年 11 月至 12 月专门组织了爱因斯坦学说公开演讲月。图为《北京大学日刊》上刊登的演讲日程。

北大手账

北京大学

本校纪事

新闻学研究会开讲述结业纪事

1918年10月14日"北京大学新闻学研究会"成立，蔡元培任会长，文科教授徐宝璜为主任导师，《京报》社长邵飘萍兼任导师。1919年10月16日新闻学研究会第一期结业时，获听讲一年证书者23人，听讲半年证书者32人。毛泽东获听讲半年证书。

北大手账

北京大学

　　蔡元培在北大首开美学课，并在《新青年》上发表《以美育代宗教》的倡议。1918年2月，他发起成立画法研究会，设国画和西洋画两门，聘请陈衡恪、徐悲鸿等画家为导师。图为1920年画法研究会会员合影。

北京大学

北大附设音乐传习所教职员学生撮影

　　1918年蔡元培发起成立音乐研究会。1922年8月，音乐研究会改为北大音乐传习所，成为正式教学机构。音乐传习所管弦乐队首次在中国演奏了贝多芬的交响曲。图为1926年北京大学音乐传习所教职员及学生合影。前排左五起：萧友梅、杨仲子、嘉祉、刘天华。后排右一为冼星海，中排右三为吴伯超。

北大手账

北京大学

北京大学教职员月薪底册（1918—1919）。

1920年北京大学政治学系学生毕业时与师长的合影。

北京大学

新文化运动前后，北大出版了一批具有开创意义的学术专著。

胡适的《中国哲学史大纲》（1919年），是中国近代第一部系统地应用新学术观点和方法写成的中国古代哲学史。

徐宝璜的《新闻学》（1919年），是中国新闻学的"破天荒之作"。

北京大学

　　1920年出版的刘师培《中古文学史》，鲁迅说："我看过已刊的书无一册好的，只有刘申叔的《中古文学史》倒要算好的。"

　　梁漱溟的《东西文化及其哲学》（1921年），被誉为中国现代新儒学的开山作。

　　刘文典的《淮南鸿烈集解》（1923年），是研究中国古代思想史的权威著作。

北大手账

北京大学

刘半农的《汉语字声实验录》（1925年），是中国实验语音学的首创。

顾颉刚编辑《古史辨》（1926年），被称为"是中国史学界的一部革命的书"。

周作人的《欧洲文学史》（1930年），是中国最早论述欧洲文学发展史的专著。

夏元瑮翻译的爱因斯坦的《相对论浅释》，是中国第一部译介相对论学说的著作。

丁绪贤的《化学史通考》，是中国第一部化学史专著。

葛利普的《中国地质史》，是第一部中国地质史专著。

北大手账

北京大学

1915 年 9 月 15 日，陈独秀在上海创办《青年杂志》。创刊号发表《敬告青年》，提出"人权"与"科学"的口号，标志着新文化运动的兴起。

1916 年 9 月《青年杂志》从第二卷第一号起改名《新青年》。

1917 年初，陈独秀受聘北大文科学长，《新青年》随之迁至北京。

文學革命論

陳獨秀

文學改良芻議

胡適

1917 年 1 月，胡适在《新青年》上发表《文学改良刍议》，揭开新文学运动的序幕。

1917 年 2 月，陈独秀在《新青年》上发表《文学革命论》，提出"文学革命"三大主义，正式举起了"文学革命"的旗帜。

1918 年至 1919 年间，鲁迅在《新青年》上发表《狂人日记》等白话小说，奠定了中国现代文学的基石。

北大手账

我的馬克思主義觀(下)　李大釗

我於上篇既將馬氏的『唯物史觀』和『階級競爭說』略爲陳述現在要連他的『經濟論』了馬氏的『經濟論』有二要點一『餘工餘值說』二『資本集中說』前說的基礎在交易價值的特別概念後說的基礎在經濟進化的特別學理用二要點一屬於經濟靜學一屬於經濟動學

今先述『餘工餘值說』

馬氏的目的在指出有產階級的生活全係靠着無產階級的勞工這並不是馬氏新發明的理論從前 Sirmondi, Saint-Simon, Proudhon, Rodbertus. 諸人在他們的着作中也甘有說過這種話不遇他們的批評與其說是經濟的毋寧說是社會的程度財產別及其不公是他們攻擊的標的馬氏則不然他欲重負的緣咎于交易觀念他所

務力鬥爭道是私賓事業略與存的的理由就是因爲道是交易他需急的結果——一個經濟上的必要責貴其與平民都須服從的

馬氏的『餘工餘值說』是從他那『勞工價值論』演出來的。

馬氏說勞工不只是價值的標準與理由而且是價值的本體從前 Ricado 也曾有過類似的觀念但他未能決然探用馬氏於此毅然探取其說不像 Ricado 的躊躇。

馬氏也決不否認『效用是價值的必要條件』由效用的價值而論這的確是唯一的理由但他以爲單拿效用這一點證明交易的等級價值還傾向不充足每在一個交易的行爲兩個物品間必含着效用的價值理據在每個物品中的那種一致不充是效用的

這件事存在的理由就是這個不同在那些不相同而所以構成交易這兩個原素上不是效用乃是那些性質各異的物品中所含的共同原素是那些物品中所含人類勞工結晶的大小每個物品的價值應該純是這個物品中所含的全屬物品的價值的分別全依勞工的分量而異此等勞工是於生產這些物品有社會的必要的東西

六二三

1919年9月、11月，李大钊在《新青年》第六卷第五、六号上发表《我的马克思主义观》。

北京大学

1918年12月22日，陈独秀、李大钊等办的《每周评论》创刊，是五四时期影响仅次于《新青年》的重要刊物。

1919年元旦，北大学生刊物《新潮》创刊。它效法《新青年》，在新文化运动中产生了广泛影响。

1919年元旦，学生救国会刊物《国民》创刊。右下图为《国民》创刊号封面，由徐悲鸿设计并绘制。

　　在北大学生发起组织下，1919年5月4日，北京各大专院校学生3000余人齐集天安门广场举行示威——五四运动爆发。图为北大学生游行队伍。

北大手账

北京学生界宣言

呜呼国民！我最亲最爱最敬佩最有血性之同胞！我等含冤受辱，忍痛被垢于日本人之密约危条，以及朝夕企祷之山东问题。青岛归还问题，今日已由五国共管，降而为中日直接交涉之提议矣。噩耗传来，天黯无色。夫和议正开，我等之所希冀所庆祝者，岂不曰世界中有正义、有人道、有公理，归还青岛，取消日中密约、军事协定，以及其他不平等之条约，公理也，即正义也。背公理而逞强权，将我之土地由五国共管，仿我于战败国如德奥之列，非公理、非正义也。今又显然背弃山东问题，由我与日本直接交涉。夫日本，虎狼也，既能以一纸空文，窃掠我二十一条之美利，则我与之交涉，简言之，是断送耳，是亡青岛耳，是亡山东耳。夫山东北扼燕晋，南拱鄂宁，当京汉、津浦两路之冲，实南北之咽喉关键。山东亡，是中国亡矣！我国同胞处其大地，有此山河，岂能目睹此强暴之欺凌我，压迫我，奴隶我，牛马我，而不作万死一生之呼救乎？法之亚鲁撒、劳连两州也，曰："不得之，毋宁死。"意之于亚得利亚海峡之小地也，曰："不得之，毋宁死。"朝鲜之谋独立也，曰："不得之，毋宁死。"夫至于国家存亡、土地割裂、问题吃紧之时，而其民犹不能下一大决心，作最后之愤救者，则是二十世纪之贱种，无可语于人类者矣。我同胞有不忍于奴隶牛马之痛苦，极欲奔救之者乎？则开国民大会，露天演说，通电坚持，为今日之要着。至有甘心卖国，肆意通奸者，则最后之对付，手枪炸弹是赖矣。危机一发，幸共图之！

游行队伍在天安门广场上散发的《北京学生界宣言》，由许德珩起草。

130

北京大学

　　游行队伍被北洋政府军警镇压，32名学生被逮捕，其中有许德珩、杨振声等北大学生20人。5月7日，经各方营救，学生获释。图为北大师生欢迎被捕学生归来留影。

北京大学

北京市民宣言

中國民族乃酷愛和平之民族今雖偏受內外不可忍受之壓迫仍本斯旨對於政府提出最低之要求。如左：

（一）對日外交不擯棄山東省經濟上之權利，並取消民國四年七年兩次密約。

（2）免徐樹錚曹汝霖陸宗輿章宗祥段芝貴王懷慶六人官職並驅逐出京。

（3）取消步軍統領及警備司令兩機關。

（4）北京保安隊改由市民組織。

（5）市民須有絕對集會言論自由權。

我市民仍希望和平方法達此目的倘政府不顧和平，不完全聽從市民之希望，我等學生、商人、勞工、軍人等，惟有直接行動以圖根本之改造特此宣言，敬求內外于女諒解斯言。

（各處接到此宣言希即翻印傳布）

MANIFESTO OF THE CITIZENS OF PEKING.

——— :o: ———

We, the people of China, have always been a peace-loving people. It is as peace-loving citizens that we, in the face of intolerable oppression both from within and without, solemnly present to the Government the following final minimum demands:—

1) That, in dealing with Japan, the Goverment must not surrender the economic privileges of Shantung; and that all the secret treaties of 1915 and 1918 must be abrogated.

2) That Hsu Shu-chen, Tsao Ju-lin, Lu Chung-yu, Chang Chung-chiang, Tuan Chi-kwei and Wang Hwei-ching be dismissed from office and be banished from the city of Peking.

3) That the offices of Commander of the Metropolitan Gendarmerie and Commander-in-chief of the Metropolitan Emergency Corps be abolished.

4) That the offices of Metropolitan Guards be left to the citizenery of Peking.

5) That the citizens of Peking should have full freedom of speech, publication and assembly.

We still hope that these objects may be secured by peaceful means. But if the Government, in its disregard for the peace of the country, should fail to meet our demands, we,—students, merchants, laborers and soldiers,—have no choice except taking the matter into our own hands and seek the salvation of the nation in a fundamental way.

Let these our wishes be known to all so that our motives may be clearly understood.

(All who receive this Declaration are requested to reproduce same and ......)

1919 年 6 月 11 日，陈独秀到北京天桥游艺场新世界散发他起草的《北京市民宣言》，被北洋政府便衣侦探逮捕。

北大手账

北京大学

傅斯年

许德珩

罗家伦

　　傅斯年（1896—1950），1919年毕业于北京大学。曾参与发起成立北大新潮社，创办《新潮》月刊，是五四学生游行队伍的总指挥。后历任北大教授、文科研究所所长、代理校长。

　　许德珩（1890—1990），1919年毕业于北京大学中文系。五四运动学生领袖之一。曾任北大教授。

　　罗家伦（1897—1969），1917年入北京大学学习，曾参与发起成立北大新潮社，是五四运动的学生骨干。

北京大学

　　1918年秋，毛泽东第一次来到北京，被聘为北大图书馆助理员。他的主要任务是在阅览室管理15种中外文报纸，登记新到报刊和前来阅览人的姓名。上图为任图书馆助理员时期的青年毛泽东。下图为毛泽东工作过的报纸阅览室。

北大手账

1920年8月，陈独秀在上海组建了中国共产党第一个小组。

1920年10月，北京共产党小组在北大红楼图书馆李大钊主任室成立，成员仅李大钊、张申府、张国焘三人。图为红楼外景及李大钊办公室内景。

北大手账

北京大学

中华民国北京醫科大學校第一部外科診察室
Department of Surgery Part I national med. college Peking, China

　　1923年9月，国立北京医学专门学校建校10年，奉命改名为国立北京医科大学校。在这个时期，诊察所开始分科。图为第一部外科诊察室。

北大手账

北京大学

國立北平大學北大學院入學考試規則

國立北平大學北大學院入學考試規則 民國十八年修訂

（一）本院預科設甲乙兩部。本科設醫學・物理學・化學・地質學・生物學・心理學・哲學・教育學・國文學・東方文學・英文學・法文學・德文學。農文學・史學・法律學・政治學・經濟學十八系。預科二年畢業。本科四年畢業。本科藥劑術學七。

（二）本院今年招考預科一年級生。及本科各系一年級生。但本科暫方文學系。俄文學系。本年暫不招考。

（三）本年在北平及上海兩處各招考一次。

投考資格：

（四）投考預科者・須有左列資格之一：

1927年8月，奉系军阀张作霖颁布大元帅令，把北大和北京其他国立八校合并组成国立京师大学校。1928年6月初，国民党军队进入北京。南京国民政府先将京师大学校改为中华大学，旋将中华大学改为北平大学。后又把北大名称定为国立北平大学北大学院。图为《北大学院入学考试规则》。

北京大学

1929年6月，国民政府停止实行大学区制，8月正式恢复国立北京大学校名。蔡元培复任校长，未到任，由陈大齐代理。

陈大齐（1886—1983），曾任北京大学哲学系、心理学系、教育学系主任及教务长，1929年9月至1930年12月代理北京大学校长。

北大手账

北京大学

　　蒋梦麟，1917年获美国哥伦比亚大学博士学位，1919年受聘为北京大学教授，曾任北京大学总务长、代理校长。1928年10月任国民政府教育部长。1930年12月至1945年9月任北京大学校长。

北京大学

胡　适　　　　　　　周炳琳　　　　　　　刘树杞

　　蒋梦麟任校长后，实行学院制，设立文、理、法三学院。文学院院长胡适，法学院院长周炳琳，理学院院长刘树杞。

北大手账

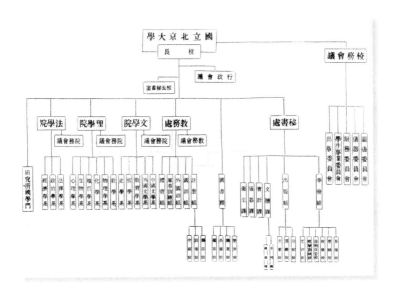

1933年北京大学行政组织系统图

國立北京大學學則 二十一年十二月十五日公布 二十二年十二月二十六日修正

第一章　修業年限　學分　畢業及學位

第一條　修業年限

（一）本校本科各系學生修業年限定爲四學年

（二）每學年上課至少須在二十八個星期以上如不滿此數無論由於任何原因均須補足

第二條　學分

（一）凡需課外自習之課目以每週上課一小時滿一學期者爲一學分實習及無需課外自習之課目以二小時爲一學分

（二）本校學生至少須修滿一百三十二學分方可畢業第一二兩年每學期選習學分總數至多不得過二十學分（但法律學系得選習至二十二學分）第三四兩年每學期至多不得過過十八學分

第三條　畢業及學位

（一）凡在本校修業期滿學生之成績由教務會議審查認爲合格者准予畢業

（二）本校畢業生得稱學士

1932年，北京大学制定了《国立北京大学组织大纲》《国立北京大学学则》等规程，学校的教学和行政管理更加规范。图为《国立北京大学学则》。

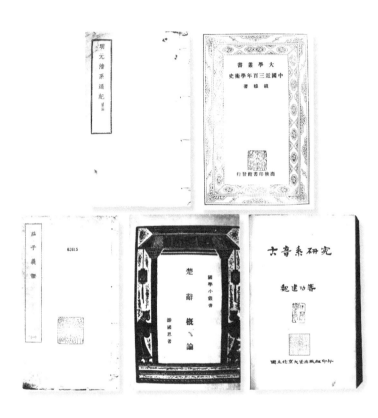

　　20世纪30年代，北大教师出版的人文社会科学部分重要学术著作：孟森《明元清系通纪》、钱穆《中国近三百年学术史》、马叙伦《庄子义证》、游国恩《楚辞概论》、魏建功《古音系研究》。

北大手账

北京大学

北大地质学会敬迎李仲揆教授摄影·十二年·

1920—1927年，李四光任北大地质学系教授，1928年调中央地质研究所，1930年12月调回北大任地质学系主任。图为1930年12月23日北大地质学会欢迎李四光教授（居中者）的合影。

北大手账

　　1920年，美国著名地质古生物学家葛利普被聘为北大地质学系教授，开设古生物学及实验、高等地史学与地层学、高等古生物学、进化论等课程。图为葛利普教授（左一）在授课。

北大手账

北京大学

　　1929 年 12 月 2 日，北大地质学系 1928 年毕业生裴文中，在北京房山县周口店一山洞内发现距今约 50 万年的北京猿人头盖骨化石，为研究人类起源和发展提供了宝贵的科学依据。图为 1932 级同学到北京猿人头盖骨发现地参观。

　　1927年，北大考古学会与瑞典探险家斯文赫定联合组建"中国西北科学考察团"，中方团员十人，主要为北大师生。图为中方团员从北大研究所国学门出发时与送行者合影。左八为团长徐炳昶，左十一为送行者刘半农。

北京大学

1937年5月，丹麦物理学家尼尔斯·玻尔来北大讲学。前排左四起：曾昭抡、蒋梦麟、玻尔夫人、玻尔之子、玻尔；前排右起：樊际昌、夏元瑮、郑华炽、吴大猷；二排右二、三为赵忠尧、叶企孙；三排右三、四为饶毓泰、吴有训。

北京大学

　　在异常艰苦的环境中，到 20 世纪 30 年代，北大生物标本室收集到了15788 件标本，这在当时国内首屈一指。

北大手账

北京大学

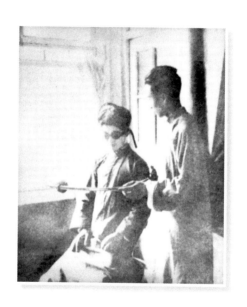

20世纪30年代，北京大学建立的心理实验室。

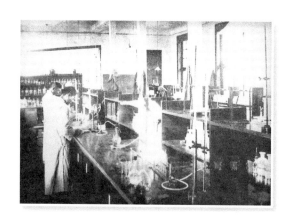

20世纪30年代，北京大学建立的化学实验室。

20世纪30年代，北京大学建立的物理实验室。

北大手账

北京大学

　　李四光任北大地质学系主任时修建的地质馆。该馆由梁思成设计，1935年7月31日落成。

20世纪30年代，李四光、周炳琳、朱光潜、胡壮猷教授所出的试题。

北大手账

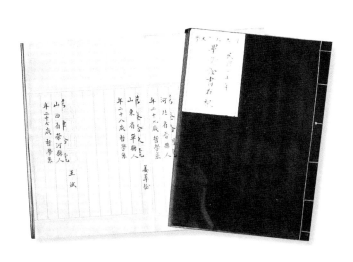

北京大学毕业证书存根（1931年）

1937年第一届体育普及运动会部分运动员合影

北大手账

1937年，北大中文系教授与毕业生合影。前排左二起：何容、郑奠、罗常培、胡适、郑天挺、魏建功、唐兰。

北大手账

北京大学

1935年8月新建的北京大学图书馆落成。新馆分中文、西文、期刊和指定参考书4个阅览室，藏书30万册，是当时国内条件最好的图书馆。

北大手账

　　1928年11月，京师大学校改组为北平大学，医科改为医学院，成为北平大学医学院。这一时期，学校的办学规模逐渐扩大，教学和科研水平明显提高。诊察所扩充为附属医院。1930年3月，附属医院迁入背阴胡同新址，于24日正式开诊。图为北平大学医学院附属医院病房楼。

北大手账

徐诵明（1890—1991），病理学家、医学教育家、教授。1918年毕业于日本九州帝国大学医学院。留日期间参加同盟会，辛亥革命爆发后毅然回国参加革命军，1919年任国立北京医学专门学校病理学教授。1928年11月至1932年8月任北平大学医学院院长。1932年任北平大学代理校长。

北大南下示威團

1931年"九一八"事变爆发，北大学生会立即发出抗日通电："唯有速息内战，一致抗日。"12月1日，230余人组成的北大第一批南下示威团出发，到南京向国民政府示威。图为北大南下示威团袖标。

北大手账

北京大学

　　1935年12月，北大、燕大、清华等高校师生掀起抗日救亡高潮。1935年12月9日，北平各校学生汇集在新华门前集会示威，"一二·九"运动爆发。

北平學生聯合會非常時期教育方案

國立北京大學非常時期教育實施委員會印發（一九三六年二月）

（一）非常時期教育的目標

非常時期教育的目的，在於喚醒并加強我們對於當前民族危機的認識和積極地變使我們在民族解放鬥爭中所必需的知能以完成中華民族解放的使命。

（二）非常時期教育內容

1. 課內方面

A. 高等教育

（1）增加共修科目
 a. 國際及中國政治經濟問題
 b. 中日關係史
 c. 社會進化史及近代社會學
 d. 國防概論

（2）減少上課時間
大學每週上課時間最多不得超過廿二小時，上課鐘點要盡量集中。

（3）改變課程內容
 a. 自然科學方面——在可能範圍內應盡量側重國防科學和原事適用化學方面的研究，打破過去的純研究室內的呆板的學習；而面使領種種自然科學的課程都與整個國防問題密切地聯繫起來。
 b. 社會科學方面——
 （a）分析帝國主義的本質了解其需要殖民地的必然性
 （b）注意近百年中帝國主義者——殖民尤其日本帝國主義者——殖民地化中國的過程及及最近日本

1936年2月，在民族危机日益严重的情况下，北大学生会为适应抗日救亡形势，对学校教学计划提出了一些改革意见。图中的方案即为其中之一。

北京大学

北京大学校长　　　清华大学校长　　　南开大学校长
蒋梦麟　　　　　　梅贻琦　　　　　　张伯苓

　　1937 年 7 月 7 日，卢沟桥事变爆发，日本发动全面侵华战争。7 月 29 日，北平沦陷。9 月 10 日，中华民国教育部正式宣布在长沙和西安等地设立若干所临时大学。由北大、清华、南开组成的长沙临时大学于 11 月 1 日开始上课。上图为北大部分教授在长沙临时大学合影，下图为长沙临时大学筹备委员会常务委员。

北京大学

　　租赁的长沙韭菜园圣经学校是长沙临时大学校本部所在地。理科、法商科、工科土木系在此上课。因长沙校舍不敷分配，文科成立文学院，设于南岳圣经学校分校，称长沙临时大学南岳分校。

北京大学

长沙临时大学教职员校徽

北大手账

北京大学

旅行团在途中

部分教师在途中合影

抵达昆明

昆明集合

自1937年11月24日起，长沙数次遭日机轰炸。12月13日，南京失陷。长沙临时大学决定西迁。1938年2月20日，由三校师生组成的湘黔滇旅行团从长沙出发，历时68天，于4月28日到达昆明。

北大手账

北京大学

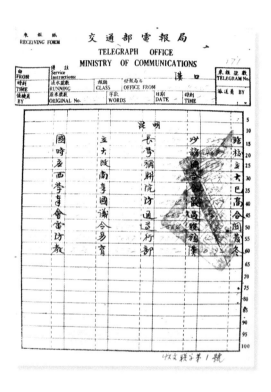

1938 年 4 月 2 日，中华民国教育部电令长沙临时大学改称国立西南联合大学。5 月 2 日在昆明正式开学，5 月 4 日开始上课。

北京大学

联大教职员，除由原校发给该校聘书外，另由联大加聘。西迁前三校的在读学生，继续入联大就学者，保留原校学籍、学号，毕业时由原校发给证书。

图为西南联大图书馆，前面空地被称为民主广场。

北大手账

　　联大同学对来之不易的学习机会格外珍惜，每天图书馆开馆前，门外总是挤满了人，为的是抢先进去占一个座位，或借到一本参考书。图为工学院图书馆阅览室。

北大手账

北京大学

1939年4月，坐落于昆明西北郊的西南联大新校舍竣工。

北大手账

北京大学

国立西南联合大学经济系商学系教授会同仁摄影

西南联大设有校务会议和教授会。校务会议负责审议学校预算、决算及院系的设撤等事项，每学年举行一次。教授会由全体教授、副教授组成，是学校的咨询机构，每学年至少召开一次会议。图为经济系、商学系教授会成员合影。

北大手账

刚毅坚卓

国立西南联合大学校训

西南联大校训：刚毅坚卓。

218

北京大学

西南联大校歌

万里长征，辞却了五朝宫阙。暂驻足衡山湘水，又成离别。绝激移栽桢干质，九州遍洒黎元血。尽笳吹弦诵在山城，情弥切。

千秋耻，终当雪；中兴业，须人杰。便一成三户，壮怀难折。多难殷忧新国运，动心忍性希前哲。待驱逐仇寇复神京，还燕碣。

219

国立西南联合大学校徽　　　　　　　　国立西南联合大学教职员校徽

国立西南联合大学校徽图案取三角形，其中的三个小三角寓意联大由三校联合组成。

北京大学

　　联大新校舍的教室为铁皮顶的土坯平房。下大雨时，房顶叮叮咚咚的响声常常压过教师的讲课声。

北大手账

北京大学

设在江西会馆后院的航空风洞

北京大学

上图为曾昭抡教授（后排左四）率联大化学系学生到工厂考察时合影。
下图为1946年5月3日联大中文系全体师生在系办公室前合影。

北大手账

设在昆明昆华农业学校的化学实验室。

北京大学

　　位于西南联大新校舍南区的理学院实验室，设备极其简陋。图中的"水塔"是由人工提水倒入塔顶大桶内，再通过竹管引入室内供化学实验之用。

北京大学

联大地质地理气象学系1945级毕业生吴达文的毕业证书。

北京大学

联大蒙自分校原北大史学系师生欢送级毕业生1938合影。前排左起：郑天挺、姚从吾、钱穆。

北大手账

北京大学

　　邓稼先1945年毕业于西南联大，1946年受聘任北京大学物理系助教，1950年获美国普渡大学物理学博士学位。回国后，隐姓埋名20多年，呕心沥血从事核科学事业，是中国原子弹、氢弹研制工作的开拓者和组织者，并为此献出宝贵生命，被誉为"两弹"元勋。

北京大学

　　1938年9月28日，日军飞机首次轰炸昆明。联大校舍从此数遭劫难。
常委会办公室、训导处、总务处、图书馆藏书室、生物实验室、第七与第八
号教室、工学院部分建筑、多处宿舍均被炸毁。

北京大学

　　1946年5月4日，联大全校师生在新校舍图书馆举行结业典礼。梅贻琦代表常委会宣布西南联合大学正式结束。图为结业典礼会场。

北大手账

北京大学

缅怀西南联合大学

王 力

芦沟变后始南迁，
三校联肩共八年。
饮水曲肱成学业，
盖茅筑室作经筵。
熊熊火炬穿阴夜①
耿耿银河欲曙天②。
此是光辉史一页，
应敷青史有专篇。

①指一二一运动。
②指中国终将解放。

　　北京大学中文系王力教授于1983年西南联大北京校友会成立时，作诗《缅怀西南联合大学》。

国立昆明师范学院与国立西南联大师范学院联系办法

一、国立昆明师范学院应邻近师范大及三校联用期设置三大学联络处

二、三校教师得相邀担任国立昆明师范研究院之交换教师，其待遇薪由聘请学院在原校按担用，一如本院有关各系在原校之计算为标准

三、昆明师范学院教师及教师得担任其他师范大学之规定课程某年级课程事项

四、在昆明师范学院服务期间，如昆明师范学院遇缺就某年级学生某校讲习或一学期某年某学年或一学期某学年某级，为昆明师范学院原派教师某人数应派为昆明师范学院原组织某某人，分之一为昆明师范研究讲学言某某要素

五、三校之高等学生及研究生以便科某某在昆明师范学院内得研究工作者

六、三校得在昆明师范学院内设研究工作者

七、本办法未尽以四年为期

八、本办法由国立昆明师范大学会同国立西南联大师范学院呈请于教育部昆明师范院某某请于

中华民国师范国立昆明师范学院院长查良钊

特订定联係办法八條如左

国立昆明师范学院应邻近师范大及三校联用期设置三大学联络处查良钊

八月起将国立设置队得国立昆明师范学院为改国立西南联大之各学术事业并及建成共同长成教育某文化之便

令起见，

三大学为纪念抗战期间共同艰苦奋斗之历史，为酬答西南人士之厚遇成为便利某民其西南各文化之交流，及昆明师范学院达成某所负使命起见，

　　1937年9月，国民政府教育部令国立北平大学、国立北平师范大学和国立北洋工学院西迁西安，成立西安临时大学。消息传到北平后，医学院院长吴祥凤于北平石驸马大街召集在校的教授开会提出："愿去西安的签名。"吴祥凤、王同观、蹇先器等人当场签名，然后便一起绕道去西安，成立了西安临时大学医学院。院长仍为吴祥凤教授，师生三十余人。图为1937年吴祥凤教授（前排左五）等离开北平前与部分同仁合影。

北大手账

北京大学

在西安期间，医学院与协和医学院、燕京大学的部分师生一起，在异常复杂艰难的情况下坚持办学，培养一批医学人才。1938年4月3日，西安临时大学改称西北联合大学。1939年8月，国民政府教育部令国立西北联合大学改为国立西北大学。医学院独立设置，改称国立西北医学院，徐佐夏被任命为院长。1944年5月，著名生理学家侯宗濂被任命为国立西北医学院院长。图为国立西北医学院校门。

北大手账

　　侯宗濂（1900—1992），生理学家和医学教育家。1931年任北平大学医学院生理学教室主任、教授。1944年出任国立西北医学院院长。

胡　适　　　　　　　　　　　　　傅斯年

　　1945年9月胡适被任命为北京大学校长，未到任，由傅斯年代理，代理
任期从1945年9月至1946年7月。

北京大学

　　1946年10月10日，北京大学在四院大礼堂隆重举行北平复校开学典礼。图为会后师生合影。复员后的北京大学在原有文、理、法三个学院的基础上，增设医、农、工三个学院。

北京大学

　　复校后，沙滩校区是校本部所在地。图为位于沙滩12号的北大一院。5层的红楼是校园主建筑，复校后为文、法学院所在地。文学院下设哲学、史学、中国语文学、东方语文学、西方语文学、教育学等6个学系，院长为汤用彤；法学院下设法律、政治、经济3个学系，院长为周炳琳。

　　二院是复校后理学院所在地。图中建筑物从左至右依次为理学院大讲堂、生物楼、生物南楼。理学院下设数学、物理、化学、地质、动物、植物等6个学系，院长为饶毓泰。

北京大学

马文昭

沈寯淇

胡传揆

　　抗日战争胜利后，北京各公立大学被国民政府统一编为"北平临时大学补习班"，医学院被编为"临时大学补习班第六分班"。1946年，北京大学在北平复员，北平临时大学补习班第六分班并入北大，成为北京大学医学院。在北京大学医学院时期，共有三位教授担任院长，分别是马文昭、沈寯淇、胡传揆。

北大手账

　　北京大学医学院下设医学、药学、牙医学3个学系，汇集了马文昭、刘思职、王叔咸、严镜清、毛燮均、薛愚、林巧稚、胡传揆等一大批卓有成就的知名学者。图为位于西什库后库6号的医学院校舍。

北京大学

　　北京大学工学院建院初期设有机械工程、电机工程两个学系，1947年秋又增设建筑工程、化学工程、土木工程3个学系。工学院附设机械工厂和化学仪器室、测量仪器室，院长为马大猷。图为位于端王府夹道7号的工学院大门。

北京大学

　　北京大学农学院下设农艺、园艺、森林、畜牧、兽医、农业经济、昆虫、植物病理、农业化学、土壤肥料等10个学系，拥有罗道庄、卢沟桥两个农场及薛家山、南口、八宝山3个林场，院长为俞大绂。图为位于复兴门外罗道庄甲二号的农学院图书馆，前面是实验田。

复校后的北京大学校徽

1948年6月15日，胡适校长与出席泰戈尔画展的来宾在孑民堂前留影。前排左一至左三为季羡林、黎锦熙、朱光潜，左八、九为胡适、徐悲鸿；第二排左三、四为饶毓泰、邓懿，左七至左九为郑天挺、冯友兰、廖静文；第三排左五为邓广铭。

北京大学

1948年，冯友兰教授为北大50周年校庆题写的贺联：

维新始建国学启后承先作亿万人之师作亿万人之友

上古云有大椿长生比寿以八千岁为春以八千岁为秋

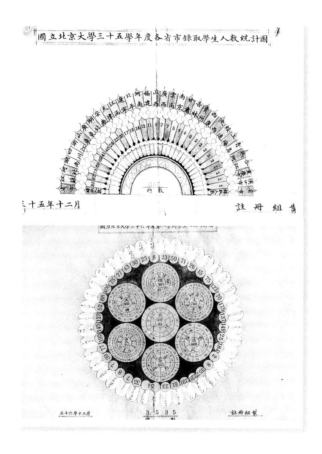

上图为1946年北京大学各省市录取学生人数统计图（总数655人）。
下图为1947年北京大学第一学期学生人数统计图（总数3535人）。

274

北大手账

北京大学

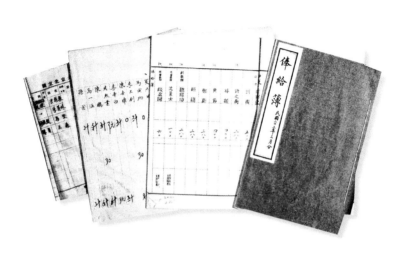

　　图为1920年、1934年、1948年北京大学教师的薪俸册，可看到其中有李大钊、钱玄同、沈兼士、马寅初、林损、季羡林的名字。

北大手账

北京大学

北大定五四爲返校節·今起盛大慶祝一星期

〔本報北平廿九日電〕

北大已定〈五四〉爲返校節，正加緊籌備紀念事宜。各學術團體連日籌商結果，已決定紀念節目如下：卅日科學晚會，由理學院主辦，內容爲檢討五四以來中國科學進展。五月一日文藝晚會，文藝社主辦，諸朱自清、馮至、馮蓁首分別講演五四時期，抗戰以前，抗戰時期，及勝利以後中國文藝之進展與演變。五月二日詩歌晚會，由新詩社主辦，有朗誦節目多種。五月三日歷史學晚會，由歷史學會主辦，請胡適、周炳琳、許德珩、樊弘、容肇祖、鄧天挺等主持討論，回顧五四時代精神及其影響。五月四日上午有紀念會，請教授演講，下午舉行琅唫，晚間由北泉體育會主辦營火會。五月五日音樂晚會，由河灘合唱團，及大一合唱團主辦，內容有黃河大合唱等。五月六日戲劇晚會由劇藝社演「凱旋」。其他燕京清華等校，亦紛紛籌備紀念五四。

1947 年，北大为纪念五四运动 28 周年，隆重庆祝一星期，并决定每年五月四日为校友返校节。

北大手账

北京大学

　　中央研究院成立于1928年6月，蔡元培为首任院长。其任务是从事科学研究并指导、联络、奖励学术研究。1948年评选出中央研究院第一届院士81人，其中，1946—1948年期间曾在北大任教、任职者有饶毓泰、曾昭抡、殷宏章、张景钺、汪敬熙、吴大猷、俞大绂、汤用彤、胡适、傅斯年、钱端升、杨钟健等。图为1948年9月在南京召开的中央研究院成立20周年纪念会暨第一次院士会议期间部分院士合影。

北大手账

北京大学

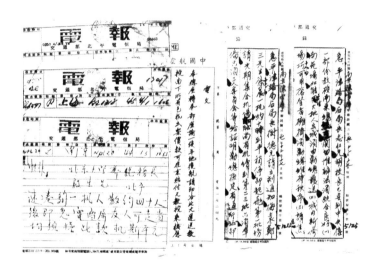

1948年12月11日后，国民党当局数十次函电北大，催促学校行政负责人、中央研究院院士、学术上有贡献者等人员南下。16日曾派5架飞机接人，却"无人到机场"。图为当时的部分电文。

北大手账

國立北京大學佈告　　　仰字第 12 號

茲准文化接管委員會函開：

「本軍管會決定，成立北京大學校務委員會，茲用明令第二十三人，爲校務委員會委員，並以湯用彤等九人爲主席及常務委員，有接管委員會成立之日起，簡有行政組織即行停止活動，茲將委員會組織大綱暨文附發，希即遵照即組織成立，就職視事，並具報爲荷」

等因，特此抄附委員名單布告週知。

此布

附抄委員名單

北京大學校務委員會委員名單

湯用彤（兼主席）　錢端升（兼常委）　曾昭掄（常委）
袁翰青（主席）　許德珩（常委）
樊弘　向達（常委）　聞家駟（常委）　賈青
饒毓泰　馬大猷
金濤　俞大絪　胡傳揆　嚴鏡清
楊振聲　鄭天挺　俞平伯　鄭昕
講助教代表二人（中一人爲常委）
學生代表二人（甲一人爲常委）

中華民國三十八年　五月　五　日

實貼大一委員會

北京大学

北京大學

（北京大學）

1949年12月12日，北大校务委员会给中华人民共和国中央人民政府主席毛泽东写信，请他题写"北京大学"新校徽。1950年3月17日，毛泽东为北京大学题写了校名。

北京大学

　　1951 年 6 月 1 日，已过古稀之年的马寅初出任新中国成立后北京大学第一任校长。在北大师生的欢迎大会上，他说："兄弟很荣幸来到北大做校长。兄弟要和大家提出三个挑战：第一，兄弟要学俄文……。第二，兄弟要骑马、爬山……。第三，兄弟冬天洗凉水澡。"

北京大学

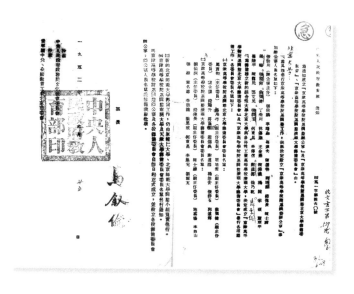

1952年，中国高等院校进行院系调整。北京大学的医、工、农学院以及其他部分学科或独立成为高等学校，或并入其他大学。清华大学、燕京大学的文、理、法各院系以及其他的一些大学的有关系科并入北大。图为教育部关于院系调整的通知。

北京大学

　　燕京大学是基督教新教教会于 1919 年在中国创办的一所私立综合大学。首任校长为司徒雷登。1926 年由北京城内迁到在海淀新建的校园（燕园）。1951 年 2 月改为公立大学。1952 年院系调整时燕京大学撤销。燕大建校 33 年为中国培养了许多优秀人才。图为蔡元培题写的燕京大学校匾。

北京大学

北大（准）校歌：《燕园情》

扫码观看视频

燕园情

红楼飞雪，一时英杰，先哲曾书写，爱国进步民主科学。

忆昔长别，阳关千叠，狂歌曾竟夜，收拾山河待百年约。

我们来自江南塞北，情系着城镇乡野；

我们走向海角天涯，指点着三山五岳。

我们今天东风桃李，用青春完成作业；

我们明天巨木成林，让中华震惊世界。

燕园情，千千结，问少年心事，

眼底未名水，胸中黄河月。

致　谢

这本《北大手账》中涉及的老照片时间跨度为1898—1952年。资料主要来源于北京大学档案馆、校史馆和北京大学医学部档案馆，以及《北京大学图史》《北医百年历程》《北京大学中文系百年图史》等图书。部分图片为王直华、李北巍提供。

谨此致谢！

《北大手账》编写组

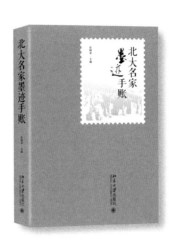

‹ ● ● ● ● ›

流云飞渡，诗书漫卷，雍容里氤氲着墨香淡淡；挥毫落纸，笔端轻扬，方寸间容纳了乾坤万里。百廿北大，钟灵毓秀，我们用一本精致的手账致敬。

这是一本荟萃北大名家墨迹的小书。书里精心选取了一百位北大名家的百余幅珍贵手迹。每幅作品均配有简短的图说，包括仔细誊录的手迹内容，以及一些精心收集的手迹背后的点滴故事。故事带着动人的温度，文字镌着永恒的风韵。图文流转间，是一场与北大的名人雅士相遇、与汉字及书写的丰赡意蕴重逢的盛宴。

这也是一款设计典雅的笔记本。右页的空白页可供读者书写点滴灵感乍现的读书笔记以及生活感悟。无需钦羡往昔娟秀清丽的蝇头小楷，也不必慨叹旧时笔走龙蛇的信手狂草，不妨用这款手账唤醒你关于手写的记忆，书写属于你的时光"手迹"。

大学之道丛书

大学之用
教师的道与德
高等教育何以为高
哈佛大学通识教育红皮书
哈佛，谁说了算
营利性大学的崛起
学术部落及其领地
高等教育的未来
知识社会中的大学
教育的终结
美国高等教育通史
后现代大学来临
学术资本主义
德国古典大学观及其对中国的影响
美国大学之魂（第二版）
大学理念重构
大学的理念
现代大学及其图新
美国文理学院的兴衰
大学的逻辑（第三版）
废墟中的大学
美国如何培养硕士研究生
美国高等教育史（第二版）
麻省理工学院如何追求卓越
美国高等教育质量认证与评估
高等教育理念
印度理工学院的精英们
21世纪的大学
美国公立大学的未来
美国现代大学的崛起
公司文化中的大学
大学与市场的悖论
高等教育市场化的底线
美国大学时代的学术自由
理性捍卫大学

学术规范与研究方法丛书

如何进行跨学科研究
如何查找文献（第二版）
如何撰写与发表社会科学论文：国际刊物
　　指南
如何利用互联网做研究
社会科学研究方法100问
社会科学研究的基本规则（第四版）
参加国际学术会议必须要做的那些事
　　——给华人作者的特别忠告
如何成为学术论文写作高手
　　——针对华人作者的18周技能强化训练
给研究生的学术建议（第二版）
生命科学论文写作指南
法律实证研究方法（第二版）
传播学定性研究方法（第二版）

学位论文写作与学术规范（第二版）
如何写好科研项目申请书
如何为学术刊物撰稿（影印第三版）
如何成为优秀的研究生（影印版）
教育研究方法：实用指南（第六版）
高等教育研究：进展与方法
做好社会研究的10个关键

跟着名家读经典丛书

先秦文学名作欣赏　吴小如等著
两汉文学名作欣赏　王运熙等著
魏晋南北朝文学名作欣赏　施蛰存等著
隋唐五代文学名作欣赏　叶嘉莹等著
宋元文学名作欣赏　袁行霈等著
明清文学名作欣赏　梁归智等著
中国现当代诗歌名作欣赏　谢冕等著
中国现当代小说名作欣赏　陈思和等著
中国现当代散文戏剧名作欣赏　余光中等著
外国诗歌名作欣赏　飞白等著
外国小说名作欣赏　萧乾等著
外国散文戏剧名作欣赏　方平等著

博物文库

无痕山林
大地的窗口
探险途上的情书
风吹草木动
亚马逊河上的非凡之旅
大卫·爱登堡的天堂鸟故事
蘑菇博物馆
贝壳博物馆
甲虫博物馆
蛙类博物馆
兰花博物馆
飞鸟记
奥杜邦手绘鸟类高清大图
日益寂静的大自然
垃圾魔法书
世界上最老最老的生命
村童野径
大自然小侦探
与大自然捉迷藏
鳞甲有灵
天堂飞鸟
寻芳天堂鸟
休伊森手绘蝶类图谱
布洛赫手绘鱼类图谱
自然界的艺术形态
博物画临摹与创作
雷杜德手绘花卉图谱
果色花香：圣伊莱尔手绘花果图志
玛蒂尔达手绘木本植物
手绘喜马拉雅植物

图书在版编目（CIP）数据

北大手账/《北大手账》编写组编 . — 北京：北京大学出版社，2018.5
ISBN 978-7-301-28973-0

Ⅰ . ①北… Ⅱ . ①北… Ⅲ . ①历书 – 中国 –2018
②北京大学 – 校史 Ⅳ . ① P195.2 ② G649.281

中国版本图书馆 CIP 数据核字（2017）第 297835 号

书　　　名	北大手账
	BEIDA SHOUZHANG
著作责任者	《北大手账》编写组 编
策　　　划	王林冲　　周雁翎
责 任 编 辑	唐知涵　　张亚如
标 准 书 号	ISBN 978-7-301-28973-0
出 版 发 行	北京大学出版社
地　　　址	北京市海淀区成府路 205 号　　100871
网　　　址	http://www. pup. cn　　　新浪微博：@ 北京大学出版社
微信公众号	通识书苑（微信号：sartspku）
	科学元典（微信号：kexueyuandian）
电 子 邮 箱	编辑部 jyzx@pup.cn　　总编室 zpup@pup.cn
电　　　话	邮购部 010-62752015　　发行部 010-62750672
	编辑部 010-62753056
印 刷 者	天津图文方嘉印刷有限公司
经 销 者	新华书店
	787 毫米 ×1092 毫米　　32 开本　　9.375 印张　　30 千字
	2018 年 5 月第 1 版　　2023 年 10 月第 3 次印刷
定　　　价	68.00 元